U0258471

THE WORLD
ACCORDING TO

THE WIT AND WISDOM OF
COCO CHANEL

可可·香奈儿人生笔记

[法]可可·香奈儿 著

[法]帕特里克·莫列斯　让-克里斯托弗·那皮亚斯 编

顾晨曦 译

中信出版集团 | 北京

FOREWORD

序　言

La Grande Mademoiselle

“大小姐”

1920 年，如果可可 · 香奈儿是一名画家，那么或许可以说，她创作生涯中的“俄罗斯时期”开始了，但事实上，这个时期的她不发一言。在恋人卡柏男孩意外早逝之后，她形单影只，习惯性地将自己隐藏在同伴身后。偶然间，她结识了热情的米西亚 · 塞特，米西亚将她带入了文学与艺术圈，那是她之前不曾涉足也难以企及的世界。作家埃德蒙 · 查尔斯 – 胡后来写道 :“没人知道她是谁，没人引荐过她，也没人听到她发表过什么言论，她只是旁观与聆听。”

这本书收集的语录，也许就是她在那个时期作为聆听者所酝酿的成果。当年那个站在米西亚身边的瘦小而沉默的女人，和后来出现在官方记述中的那个有着方下巴、薄嘴唇，身着套装的“女祭司”看起来相去甚远，后来的她谈吐自若、用词精准，沙哑的嗓音令人难忘。这两个“她”之间的距离，是一生的跨度与经历的积淀。

众所周知，“对立”在香奈儿女士的理念中极为关键，她自己也肯定这种观察。1967 年，罗兰・巴特在那篇著名的文章《香奈儿与库雷热的较量》中也强调了这一点。香奈儿女士一生致力于变化无常的时尚世界 ——“每年，时尚都会摧毁它刚刚热爱之物，热爱它将要摧毁之物”。基于柏拉图式理想的女性美学，香奈儿女士追求风格的多变，探寻一条一以贯之的原则，围绕其进行精心构思。

在风格上对犀利与简洁的追求，同样影响了她的表达方式，正如巴特颇具讽刺意味地写道 :“人们通常认为她具有‘伟大世纪’作家的权威和气派 : 优雅如拉辛，信奉詹森主义如帕斯卡尔（她曾引用他的言论），富于哲思如拉罗什福科（她向公众传达自己的格言就是在模仿他），敏锐如塞维涅夫人，最后，叛逆如路易十四的堂姐，她借用了这位‘大小姐’的绰号与形象。”可以说，“大小姐”是她所处时代的产物：源于她早年就踏入的上流社会的文化、传统和礼仪，从20世纪50年代开始渐渐淡出人们的视线，直到70年代随着最后的幸存者一起消亡。

这种文化是基于她与作家们的分享所形成的——路易丝·德·维尔莫兰、保罗·莫杭、埃德蒙·查尔斯–胡、米歇尔·代翁，她一个接一个地雇用这些作家，又很快地解雇他们，即便如此，他们还是成功地记录下了她的许多妙语。在保罗·莫杭撰写的《香奈儿的态度》（*The Allure of Chanel*）一书中，我们得以听到她的言论，并从中看到了她与作家在精神层面的共性，他们都喜欢精炼的短语，都干脆利落。我们或许会认为她的话语已经被大幅度地修改润色过了，但事实上莫杭在很大程度上只是简单地记录他所听到的：共同的理念、品味、文化和价值观，无论好坏。香奈儿需要的只是一个传声筒，但他们都不符合她的品味。

卡尔·拉格斐曾称自己为18世纪的爱好者，他和香奈儿女士一样喜爱用精心雕琢的短语或尖刻辛辣的评论来引发关注，提升话题度和热议度。相较于可可，他不那么强硬，更精于操控；可可厌倦与媒体周旋，他则乐此不疲，还善于将他的公众形象当作某种掩体来利用，同时他还不断以自己的方式重新演绎她的设计，从这个方面讲，他是这位“大小姐”的完美继承人。他是她最理想的诠释者，特别是当一个强大的时装公司正在不断扩大其帝国的边界之时，他为其保驾护航，直到它具有现在所拥有的经济和文化意义，并且它的力量依然在不断增强。

1969 年，香奈儿曾引发了一起舆论事件，她痛斥迷你裙，认为裸露膝盖（“丑陋的关节”）是“不礼貌”、“不体面”和“缺乏道德”的。我们无法想象她会对当今的世界作何反应，当随心所欲的裸露、不断美化的自恋、硅胶填充的身体、毫无意义的自拍以及不可战胜的愚昧统治着我们的时代……当下与她所倡导的风格、她相信的不变、普世且永恒的品格早已背道而驰。风格本身不过是历史的玩具，除此之外，它什么都不是。

帕特里克·莫列斯 (Patrick Mauriès)

CONTENTS 目录

COCO
ON
COCO
可可谈可可

我拥有一些尚且迷人的优点，我浑身都是不可救药的缺点。

我讨厌妄自菲薄，受制于人，自讨没趣，拐弯抹角，顺从屈服，不能按自己的意愿行事。

我把自己的强大归功于艰难的成长经历。是的，我的坏脾气、吉卜赛式的自立、不合群都是因为我的骄傲；骄傲也为我指点迷津，让我总能找到回去的路，它就像希腊神话中阿里阿德涅 (Ariadne) 公主的那团指引人走出迷宫的线。

我总是在生气。容易生气，同时也惹人生气。

我知道，我让人难以忍受。

Without trying,

I've always been

different

from other people.

我总是毫不费力就能做到与众不同

I love to criticize; the day I can no longer criticize, life will be over for me.

我酷爱批判，如果有一天我不再批判，我的生命就结束了。

有一天，我的车停得离人行道有点远。为了下车，我不得不大步跨过排水沟，但这并不容易，因为那天我穿着一条紧身裙。看到我如同体操般的举止，坐在路边的两个工人突然大笑起来。从那天起我决定，我必须成为发笑的人，而不是被嘲笑的人。

我讨厌别人用手触碰我，我又不是一只猫。

你知道我的脾气到底有多坏吗？

我是整个奥弗涅地区唯一尚未熄灭的火山。

我知道如何工作，也知道如何管束自己。但是如果我不愿意，没有任何人或任何事能强迫我就范。

没有人能管束我，我自己管束自己。

我不接受任何人的指挥，除非是在恋爱中，不过即便如此……

唯一的非卖品是香奈儿女士。

I am a bee,

IT'S PART OF MY STAR SIGN, LEO,
THE LION, THE SUN. WOMEN WITH THIS
SIGN ARE HARD-WORKING, COURAGEOUS,
FAITHFUL, THEY ARE NOT DAUNTED
BY ANYTHING. THAT'S MY PERSONALITY.
I AM A BEE BORN UNDER THE
SIGN OF THE LION.

我是一只蜜蜂，
我的星座是由太阳守护的狮子座，其中也蕴含着蜜蜂的性格。
狮子座的女性工作勤奋、勇气十足、忠实可靠，她们不会轻易退缩。
这就是我的性格。我是一只出生在狮子座的蜜蜂。

THE MORE
PEOPLE CAME
TO CALL ON ME,

THE MORE I HIDE AWAY.

THIS HABIT HAS
ALWAYS REMAINED
WITH ME.

前来拜访我的人越多，我就躲得越远。

这个习惯伴随我一生。

每当我做了一件合乎规范的事，我就会倒霉。

大胆与羞怯是我性格的两个极端。

你必须学会与自己的缺点们相处，对它们要点花招。如果你能做到，你可以做成任何事。

坚硬的镜子映照出我自己的坚硬。这是我和镜子之间的斗争：它展现出我的独特之处，高效、乐观、热情、现实、好斗、玩世不恭而又多疑，典型的法式性格。最后，我金褐色的眼睛守护着我的心灵之门：在那里，你能看到我是一个女人。

尽管我花了很多时间寻找自己，我还是没有找到，因为我和自己之间有着无法逾越的距离。

如果我的朋友取笑我讲起话来滔滔不绝，那是因为他们不知道我有多么害怕做无聊的听众。如果有一天我死了，我相信只会是因为太无聊了。

我为什么回来？我感到无聊了吗？我花了十五年的时间来了解自己。现在我宁愿面对灾难，而不是虚无。

无聊是我一生的敌人。我工作是为了摆脱无聊，不是为了钱，也不是为了女人。我见过太多女人了。我也见过那些无所事事的女人，什么都不做，什么都不是，死气沉沉。

I am
only
FRIGHTENED
of
one
thing:
being
BORED.

我只对一件事感到害怕：

无聊。

I go on
my greatest
journeys
on
my couch.

我最美妙的旅程都是在我的沙发上度过的。

至于我，我属于那种愚蠢的女人，一心只想着自己的工作，工作一完成，就会想着算命，想着别人的故事、日常琐事，还有其他无足轻重的东西。

我只关心琐碎的小事，不然就什么都不关心，因为诗意就隐藏在琐碎之中。

现实不会给我做梦的机会，但我喜欢做梦。

我一直试着设计新的服装，让女人们可以穿上很多年。如果我说自己成功了，是不是有点自大？

不爱我的人，我也不爱他们。这是生活中很好的自我保护方式——我立刻就能知道谁不爱我，我也知道谁不喜欢我。这不是一件愉快的事，没人能感同身受。

我从不要求人们爱我：爱是一个很强烈的字眼。我也不能爱每个人。我爱的人很少——就是人们常说的那种奉献身心的爱，那样的爱是罕见的。

我非常瞧不上女人，尤其是我自己，因为我可以毫不犹豫地说，对我评价最差的人就是我自己。

I don’t
have lukewarm
feelings
about anyone:

**I either
like them**

OR

I don’t.

我对人没有似是而非的状态，

只有喜欢，或不喜欢。

COCO ON FASHION

可可谈时尚

时尚？当人们询问我对时尚的看法时，我不知道他们到底在说什么…… 什么是时尚？我会时不时修改那些小细节，比如领口或袖子——袖子对衣服而言非常重要——其他的一切都会瞬间过时……我这样做只是为了让衣服效果更好。我不会坐在那里绞尽脑汁地空想如何改变一切！

并不是学会制作服装就能获得成功（制作服装和开创时尚是截然不同的两件事）。时尚不仅仅存在于衣裙之中，更弥漫在空气里。时尚乘风而来，我们感受着它，呼吸着它，它远在天际，又近在街头。时尚无处不在，它关乎理念、社会风尚以及正在发生的事情。

我既没有落后于时代，也没有超前于时代，我的时尚追随着生活。

I would very much like to call a meeting of couturiers and ask them each the same question:

What is fashion? Explain it to me.

I am convinced that none of them could give me a meaningful answer. Neither could I, in fact.

我非常想召集一个时装设计师大会，问他们同一个问题：什么是时尚？请帮我解释一下。

我确信没人能给我一个有意思的回答。事实上，我也同样不能。

走不上街头的时尚不是时尚。

四分之一个世纪以来，我都在创造时尚。为什么？因为我知道如何表达我的时代。我为我自己发明了运动服饰，不是因为别的女人要做运动，而是因为我自己要做。我不出门应酬是因为我需要设计时装，而我设计时装正是因为我要出门，因为我是第一个享受到本世纪生活的人。

最好跟随时尚，即便它是丑陋的。远离时尚会让你马上变成一个滑稽可笑的人，这很可怕。没有人有足够的力量可以超越时尚。

时尚只会向前走，不会倒退。无法回头，你必须与时俱进。

一条裙子或一套服装必须能反映当下，就像弥漫在空气中的香水一样，传递这样的信息：人已走远，但痕迹仍在。

时尚是唯一速朽之物，比女人衰老得快多了。

对我而言，时尚并不有趣，它徘徊在自我了断的边缘。就时尚这件事来讲，只有傻子才会一成不变。

创造时尚不是为了留存它，这件事最佳的证据就是它会过时，而且很快！

FASHION WANTS TO BE KILLED; IT IS DESIGNED FOR THAT.

时尚是想要被扼杀的，它生来便注定如此。

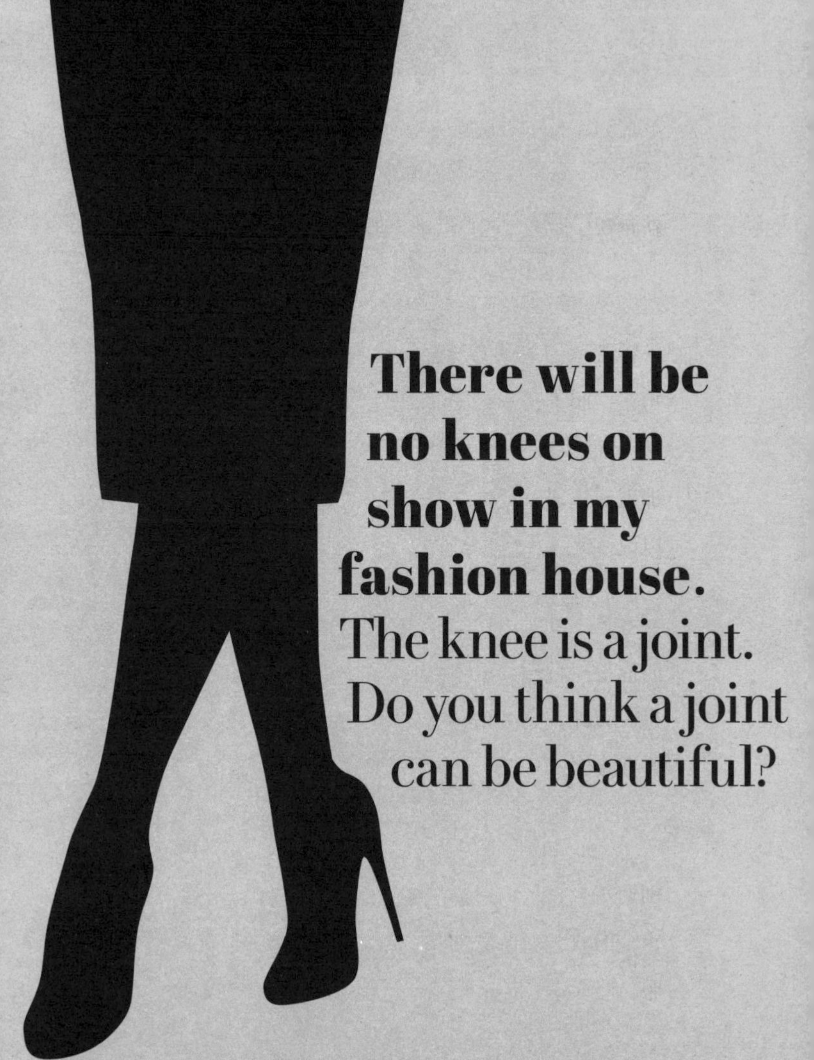

There will be
no knees on
show in my
fashion house.
The knee is a joint.
Do you think a joint
can be beautiful?

我设计的服装不会露出膝盖。膝盖只是一个关节，你会觉得一个关节好看吗？

新新新！你不可能永远推陈出新！

一种荒谬的观点认为时尚取决于裙子的长短，今天短了，明天长了……时尚当然是取决于品味，好品味，而裙子的长短则取决于腿型。若你有双美腿，那就露出来；反之，藏起来。就这么简单，或者可以说，就这么合乎常理？

时尚是一件严肃的事。我认为，时尚的目标不应该是一直让人感受到冲击。你不能在一年中时不时就去摧毁你已经建立起来的一切。

创造不会持久的时尚是荒谬的，我反对……对我而言，旧衣服就像老朋友，你知道吗？照顾好你的衣服，修补好它们。

时装店里没有聪明的女人。（也没有道德高尚的女人，她们为了一条裙子可以出卖灵魂。）

瞧瞧那些在媒体工作，判断什么在流行的女人们吧。她们又胖又丑，还穿得很糟糕！

我不想把女人打扮成男人。女人一旦穿得像个男人，行为举止也像个男人，她就迷失了。

I hate
it when women
follow fashion too
BLINDLY,
at the expense
of their
personalities.

我讨厌看到女人盲目顺应时尚，她们牺牲了自己的个性。

What we create in fashion should first be **beautiful** and then become **ugly**; what art creates should first be **ugly** and then become **beautiful**.

在时尚界，我们的创作应该在一开始很美，然后变丑；

而艺术创作则应该乍看丑陋，但越看越美。

应该带着热情与理智来谈论时尚，最不应该带着诗意或文学色彩。一件裙子既不是一部悲剧，也不是一幅绘画；它是一次迷人却转瞬即逝的创作，不是永恒的艺术作品。为了让时尚业继续生存下去，时尚应当能够消亡，并且迅速消亡。

看到法国时尚界的朋友们如此尊重时尚，我有点害怕。是不是因为太过熟悉的缘故，所以我才会把时尚视为鲜活而易逝之物，不是天才的永恒物证？我不知道。

时尚在街上游荡，却不知道自己的存在，直到有一天，我用自己的方式把它表达了出来。时尚就像风景，是一种心绪，我自己的心绪。

COCO ON COUTURE

可可谈时装

时装是一门生意，不是艺术。我们不是天才，我们是供应商。我们创作时装是为了卖掉它，而不是为了挂在墙上展示。

戏服设计师用铅笔工作，那是一门艺术。时装设计师用剪刀和别针工作，那是一篇新闻稿。

时装不是抽象艺术，而是一门手艺，它关乎真正意义上的形态。重要的是衣服的形态，以及穿着它的女人的形态。谢天谢地，女人可不只是两个膝盖。

I DON'T KNOW
how to
SEW,
I know
WHERE TO
PUT PINS.

我真不知道怎么缝纫，

但我知道哪儿需要别上别针。

I NEED
beautiful
models.
THERE ARE SOME
GIRLS I COULD
NEVER WORK WITH,
right pains
in the neck.

我需要美丽的模特。

有些女孩我永远无法共事，她们让我头痛。

我直接在模特身上剪裁。我从我的模特身上汲取灵感，而不是画草图，这就是我经常更换模特的原因。我工作时离不开剪刀和一大堆别针。

把模特当作工具的时代必须终结了。我的模特们是真正的女人，而不是幽灵。

模特就像手表。手表显示时间，而模特展示她身上的服装。

我不会穿那些我自己不会做的衣服。我也不会做那些我自己不会穿的衣服。我总是问自己同一个问题：老实说，我会穿这个吗？实际上，我甚至都不需要再问了，这已经成为本能。

时尚是一门建筑学，一切关乎比例。最难的是做出一条比例均衡的连衣裙，适合所有女人穿着，比如，五个女人穿同一条裙子，旁人却不会立刻意识到这一点。

如果让我写一本技术手册，我会写："一条制作精良的裙子，适合每个人穿着。"

All the artistry that's needed underneath to make a dress move well.

That's what fashion is: what's happening underneath.

所有隐而不显的工艺都是为了制作一条能让人行动自如的裙子。这就是时尚：隐而不显。

A dress
that isn't
comfortable
is a
failure.

一条不舒适的裙子就是失败之作。

有些女人想要穿上紧身胸衣，永远别这样！我想要女人毫无顾虑地穿上我设计的衣服。

香奈儿套装是为了让女人行动自如而生。

衣服应当像穿着它的女人一样，是灵动的。

服装若要看起来漂亮，必须让穿上它的女人感觉不到它的存在。

套装关乎结构，“香奈儿套装”由此得名。

完美总是降临在你最意想不到的时刻。

不应当有毫无意义的东西，一切都要有实用功能，正如每一粒纽扣都有扣眼。

你为何想保留一切？剪掉它，然后就大功告成了。

飞机的线条有什么画蛇添足的装饰吗？完全没有。创作时，我会想到飞机。

不要害怕褶皱：只要褶皱是有用的，就是美丽的。

THE ONLY LINE IS THE STRAIGHT LINE.

直线至上。

I NEVER FINISH A DRESS.

I keep working on them until the very last day. Sometimes until the night before a show.

我永远也做不完一条裙子。
我总是一直改动它们，直到最后一天，
直到时装发布会前一晚。

因为害怕它们马上就会过时。

我把它们拆了又拆，
去除一切我觉得多余的东西。

Out of fear that they will go out of fashion.

I STRIP THEM AND STRIP THEM,

taking away everything I' ve added that I feel is superfluous.

梦幻华服？我也知道怎么做……一开始，我们总想做出梦幻华服，接着便要进行大刀阔斧的删减。永远摘除，从不添加。

直到最后一天，我还在不断修改。不然呢？我的服装都直接在模特身上创作。

时装是我的乐趣、我的目标、我的理想、我存在的理由、我的一切、我的自我……我只是一个小裁缝。

是我让时装设计师这个职业变得时髦起来，在我之前，他们并非如此。

人们不是因为时尚本身而兴奋，而是因为创造时尚的人。人们把一切都搞混了。

现如今，时装界的人一心只想着震惊世界。
谁能做到？

如果高级定制服只是考虑裙子的长度，那么任何一个会缝纫的女佣都可以成为时装设计师，而我们能做的只有去电影院或看电视了。

COUTURIERS
think themselves
to be so
IMPORTANT

...

时装设计师们总是觉得自己很重要。

COCO ON STYLE

可可谈风格

我不喜欢有人把香奈儿当作一种时髦来谈论。香奈儿首先是一种风格，流行易逝，风格永存。

其他设计师在追逐时尚，而我在创造风格。

我为何会创造一种风格？因为如果让我每周都想出新的东西，我绝对做不到。那是不可能的，你最终只会搞出一堆非常丑陋的东西。

I AM A
SLAVE TO MY
OWN STYLE.

A STYLE
NEVER GOES
OUT OF FASHION.

CHANEL NEVER
GOES OUT OF
FASHION.

我是我自己风格的奴隶。风格永远不会过时。香奈儿永远不会过时。

All of
my
art
has consisted
of cutting
away what other
people would add.

我的全部本领就在于把别人添加的东西一一除去。

风格应当触及人群，不是吗？它应当像一场革命，深入街头，深入人们的生活。这才是真正的风格。其他的都是流行。流行易逝，风格永存。流行总是包含着一些有趣的想法，因此注定很快就会消亡。

永远摘除，永远削减，从不添加……身体若不自由，美就无处可依。

女人从头到脚都要利落流畅，因为这样会让她更年轻。

我认为我那些以简约著称的服装迄今为止还不够简约，我会让它们更简约。

简约并不意味着贫乏。

风格远不止于此，它是剪裁，是比例，是色彩，是面料。最重要的是，它是女人自己。

我工作中最难的部分是什么？让女性行动自由，这样她们就不会觉得自己不得体。她们不必为了迁就身上的衣服，而去改变自己的态度或个性。这很难，但这就是我拥有的天赋，如果能称之为天赋的话。

为当下的女性设计服装，意味着你也在为未来的她设计服装，这是风格的悖论。

IT'S THE
LITTLE
THINGS
THAT ARE
IMPORTANT
IN LIFE,

NOT THE BIG THINGS.

人生中重要的都是琐碎小事，而不是大事件。

I don’t like

ECCENTRICITY

except in

others.

我不喜欢怪癖，别人的除外。

服装永远不应当可笑，即便它们很怪异。别人嘲笑你的着装，说明你在做蠢事。如果女人想要保持神秘感和诗意，她需要拥有独特的风格、令人惊叹的优雅、低调审慎，同时这些气质不可捉摸。

一个优雅的女人即便是去买菜，也不会让家庭主妇们觉得可笑。笑的人总有让他笑的理由。

必须注意独创性。在服饰创作中，你很容易被伪装和装饰迷惑，从而做出夸张的戏服。

我从不会做荒谬的事，我讨厌荒谬，那不是我的风格。我已经找到了自己的风格，一劳永逸，我会坚持下去。

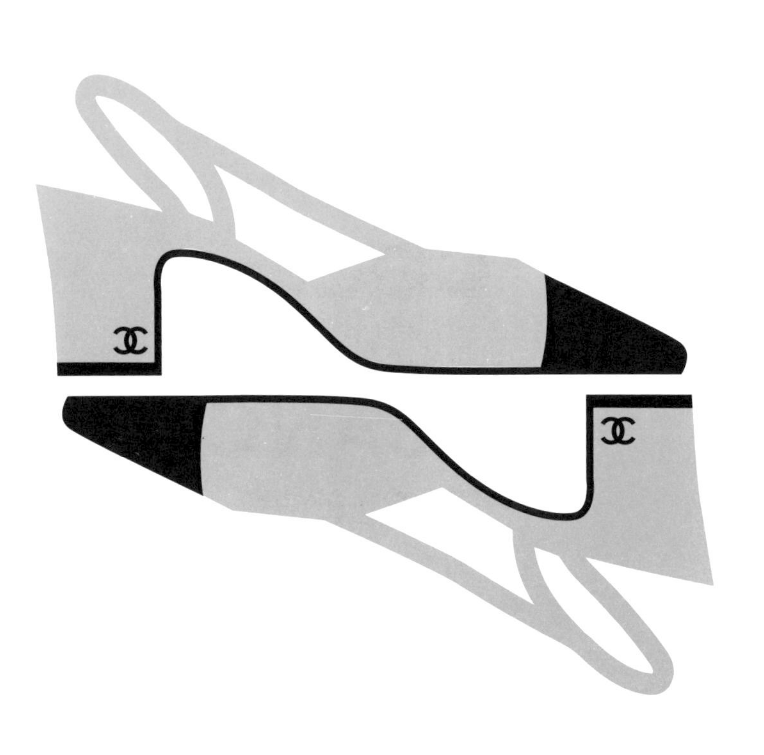

COCO ON ELEGANCE

可可谈优雅

如何定义优雅？我的天，这太难了。我只能告诉你，就像我一直说的那样，也是我一直相信的那样：我认为女人总是过度装扮，但从来都不够优雅。

你不需要穿香奈儿也可以很优雅。如果只有穿上香奈儿才能变得优雅，那就太不幸了。

优雅并非源于模仿，而是源于本能，这种本能引导女人找到适合自己身形与个性的风格。

Always be a
little
underdressed
rather than
a little
overdressed.

穿着略显随意总好过用力过度。

Elegance is line.

优雅即线条。

美丽与优雅拥有点石成金的奇妙力量，如同暗室里的烛光。

优雅不是年轻人的特权，它属于那些已经找到了平静和自我的女性。她们不需要钱，因为她们已经拥有了丰富的内心，这才是优雅。

优雅？它不是钱的问题，它的反面是粗俗和邋遢。你只可能过度装扮，但永远不可能过度优雅。如果你长得丑，人们过不了多久就会忽视，但他们永远不会忽视你的邋遢。

什么是优雅？它是站立、行走、坐着的方式，而不仅仅是着装。你的存在要让周围的人感到愉悦。

舒适合身的衣着，能让女人就像没有穿衣服般自在。

不要认为优雅可以通过金钱、感情或模仿得到。你的衣服和珠宝应与你匹配，就像你的姿势、步态或微笑。只有这样，它们才能让你美丽，而不会遮蔽你。博·布鲁梅尔的话至今仍有道理："优雅是不惹人注目。"

It is not
the dress
that should wear
the woman,
but
the woman
who should wear
the dress.

是人穿衣服，不是衣服穿人。

Hide what you ought to show; show what you cannot ***hide***.

隐藏你本应展现的东西，展现你无法隐藏的东西。

裙子的时髦并非源于它的概念，而是源于它精致的面料、剪裁和工艺。拥有两条完美的裙子，胜过拥有四条平庸的裙子。

优雅并不意味着要买新衣服，穿上新衣服也不会让你变得优雅。优雅只因你本身就很优雅。有些人缺乏优雅，也永远不会优雅。

COCO ON JEWELLERY

可可谈珠宝

我总是佩戴很多首饰，因为它们在我身上看起来总像是假的。

闲暇时，我会拿出一盒蜡，然后自己动手铸模，这是我创作珠宝的方式。比例最重要。

珠宝不是为了让你看起来富有，而是让你看起来美丽，这不是一回事。

Jewellery
is never anything but
a reflection
of the
heart.

珠宝不是别的，而是内心的映射。

The problem that needs to be solved when making **FAKE** jewellery is how to make it seem more **REAL** than the **REAL** thing.

制作人造珠宝时需要解决的问题是：如何使它看起来比真金白银更真实。

应该以纯真无邪的眼光来看待珠宝，如同坐在疾驰的车里欣赏路旁花朵盛放的苹果树。

我们去见某人或是去某人家做客时佩戴珠宝，是为了表示尊重。

珠宝不是为了引人嫉妒，更不是为了让人惊讶，它应该是一种令人愉悦的装饰。

以前，珠宝先要有设计……但是我的珠宝从一个创意开始！我要以璀璨群星衬托女性的绝美风华。星星！各式各样、大小不一的星星，还有新月，在秀发和额头上闪烁。

我设计的珠宝永远和女人、和她的着装融为一体。服装千变万化，珠宝也要变化万千。

What counts are not the carats,
but the illusion.

重要的不是克拉数，而是视觉的艺术。

N°5

COCO ON FRAGRANCE

可可谈香水

我想为女性设计一款香水，一款人造的香水，就像裙子那样，是被创造出来的。我是个裁缝。我不想要玫瑰或百合，我想要一款合成的香水。

香水？没有什么比香水更重要。你用的香水必须和你融为一体。难闻的女人就是完全不用香水的女人，她们傲慢地认为自己天然的体味就够了。算了吧，根本不是这样！

I have been
a couturier,

by
chance.

I have made
perfumes,

by
chance.

我成为时装设计师只是出于偶然。我制造香水，同样也是出于偶然。

Where should you put perfume?

"Everywhere you want to be kissed.

香水应该怎么用?

喷洒在你想被亲吻的地方。

What do
you eat?

*A gardenia
in the morning
and a rose
in the evening.*

你吃什么？

早上一朵栀子花，晚上一朵玫瑰。

A perfume should
hit you.
I'm not going to spend three days sniffing to find out what it smells like, you know?

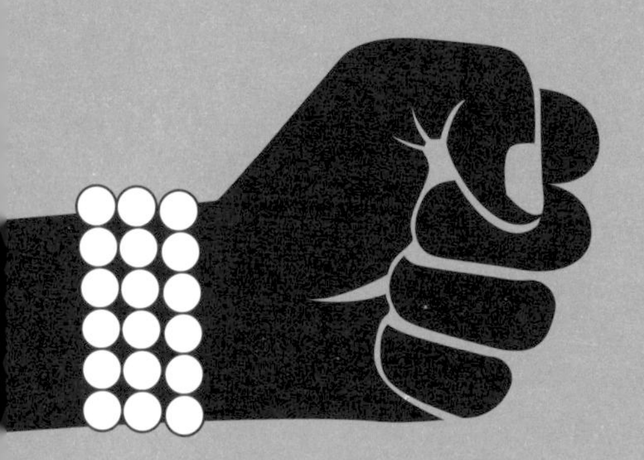

It needs to have a body, and the things that give perfume a body are the most expensive.

香水应该是一击即中的。

我不可能花上三天时间去闻某种香水是什么气味，你能明白吗？

它必须是馥郁丰盈的，而能令香水如此的原料都是最昂贵的。

宣称“我从来不用香水”的女人，她的外套闻起来就像衣橱的味道，她已经迷失了。她的生活将毫无幸运可言。

女人会用别人送给她们的香水！但你也应该用自己钟爱的香水，属于自己的香水。当我的外套遗落在某处，人们会知道它是我的。

NO. 5?
IT'S A KIND OF PERFUME
THAT HAS NEVER BEEN
MADE BEFORE.
A WOMAN'S
PERFUME,
WITH THE SCENT
OF A WOMAN.

5 号？这是一款史无前例的香水，一款闻起来像女人的女士香水。

NO. 5 NEVER GOES ‘OFF’.

**IF YOU LIKE NO. 5,
DO WHAT I DO, AND
STAY FAITHFUL TO IT.
IT’S AN EASY WAY TO
BE YOURSELF, AND
NOT SOMEONE ELSE.**

5 号香水永远不会“消散”。

如果你喜欢 5 号，那就像我一样，永远忠于它。做自己就是这么简单，不用成为别人。

COCO ON COLOUR

可可谈颜色

我从批发商那里订购自然色的面料；我想让女性顺应自然，服从生物适应周边环境的天性。在草坪上穿一条绿色连衣裙是完全可行的。

米色给我归属感，因为它非常自然，未经染色。还有红色，因为它是鲜血的颜色，在我们体内涌动不息，我们应该将它展现出来。

RED

IS THE COLOUR OF

LIFE,

OF BLOOD.

I LOVE

RED.

红色是生命的颜色，是鲜血的颜色。我爱红色。

Before

ME,

nobody dared

to wear

BLACK.

在我之前，没有人敢穿黑色。

我坚持用黑色，它流行至今。黑色横扫一切。

有四五年的时间，我只用黑色。我的小黑裙很畅销，我会为其增加一些特别的细节，比如小小的白色衣领以及袖口。从女演员到社交名媛乃至女服务员，人人都穿着我的小黑裙。

女人想到了所有色彩，却没想到无色之色。我曾说黑色包容一切，白色亦然。它们的美无懈可击，绝对和谐。在舞会上，你只会注意到身穿白色或黑色的女人。

当人们在街上看到一位衣着得体的女人穿着色彩明亮（并且适合她）的衣服，会给她让路，让她经过，因为人们欣赏她。

穿浅色衣服的女人，心情通常不会太糟。

有一天，我知道了白色之所以是月亮的颜色，是因为它是绝对的象征。白色不仅象征着纯净，也象征着正义和最终的胜利。《启示录》中被选中的人穿着白色长袍。同时，白色也意味着寒冷、绝望和投降。

The tragedy

of the ageing woman is that she suddenly remembers that light blue suited her when she was twenty.

女人老去后的悲剧在于，她总是会想起 20 岁时很适合她穿的浅蓝色。

COCO ON WORK

可可谈工作

我以做裙子为生，我本也可以做其他的事情，这只是一个偶然。我喜欢的不是裙子，而是工作。我为工作牺牲了一切，甚至我的爱情。工作耗尽了我的一生。

我的朋友们都说，可可能“点石成金”。我成功的秘诀在于我工作非常努力。我工作了50年，比任何人都更长久。没有什么可以取代工作，安全感、勇气、好运都不可以。

如果我的事业有了生命，那就是我的生命；如果它有了面庞，那就是我的面庞；如果它有了声音，那就是我的声音。我能感到我的工作爱我，服从我，回应我，因此我完全投入其中。我再也没有经历过比这更伟大的爱了。

WORK

HAS A

MUCH STRONGER

FLAVOUR

THAN

MONEY.

工作的魅力远远大于金钱。

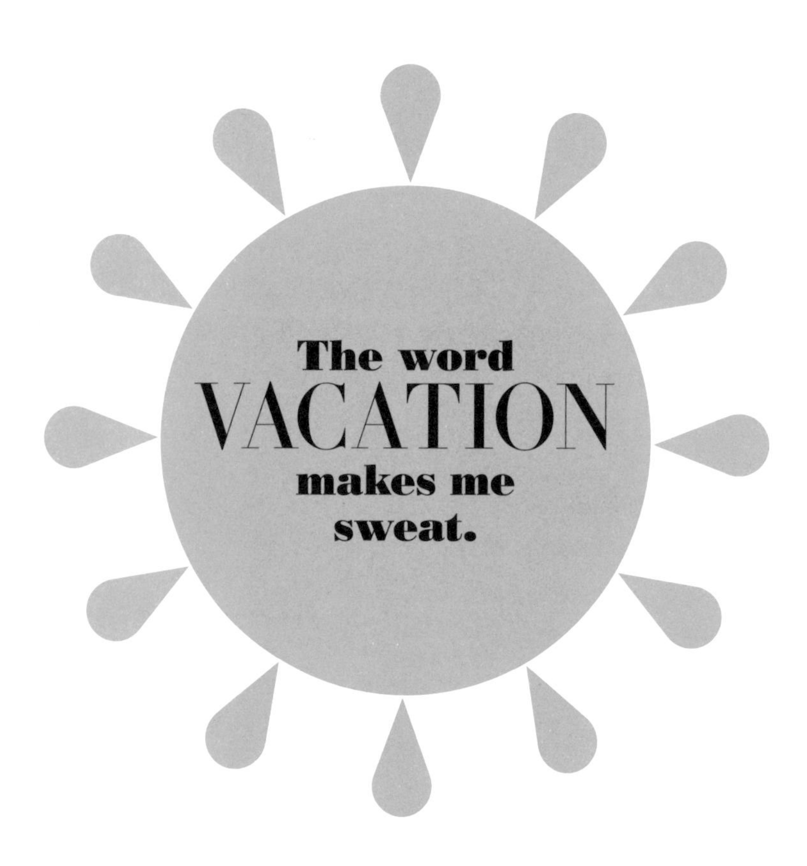
The word
VACATION
makes me
sweat.

“假期”这个词让我感到难以忍受。

没有什么比工作更让我放松，没有什么比无所事事更让我疲惫。我越是工作，就越想工作。

人们喜欢温柔，但你无法在工作时保持温柔，这不现实。可能就像一只正在下蛋的母鸡。你需要愤怒才能工作。

如果无法工作了，我会干什么？我会非常无聊。

我只喜欢自己创作的东西，在我忘记它们后，我才会创作。

艺术家们教会我什么是严谨。

我不是艺术家。艺术家的作品最初看起来很荒谬，然后会获得成功。我的作品需要马上取得成功，然后会变得荒谬。

我总是不断微调我的设计，这像是一种顽疾。我做的工作没人能理解。

天赋是与生俱来的，才华是需要培养的。

A worker.
I am a
worker.
There are
people who
don’t like
that word,
but I’m not
one of them.

工人，我是一个工人。

很多人不喜欢这个词，但我不会。

COCO ON INVENTION

可可谈创作

一个发明一旦问世，它注定会变成无名氏的创意。我无法深入发展自己的所有想法，那么由其他人来实现有时候甚至比我自己做得更好，这对我来说是件很棒的事。

很少有设计师会像我这样被人模仿。我站在大多数人的一边，我认为风格应该走上街头，走入日常生活，就像一场革命。这才是真正的风格。

发现是为了被遗忘。

At the beginning of creation,
there is invention.

Invention

is the seed, it's the germ.
For the plant to grow,
you need the right temperature;
that temperature is

luxury.

Fashion should be born
from luxury.

发明是创作的开端，发明是种子、幼苗。

为了使它生长，应该有适宜的温度，这温度便是奢华。时尚应该诞生于奢华。

WHEN I AM
NO LONGER
CREATING,
MY LIFE WILL
BE OVER.

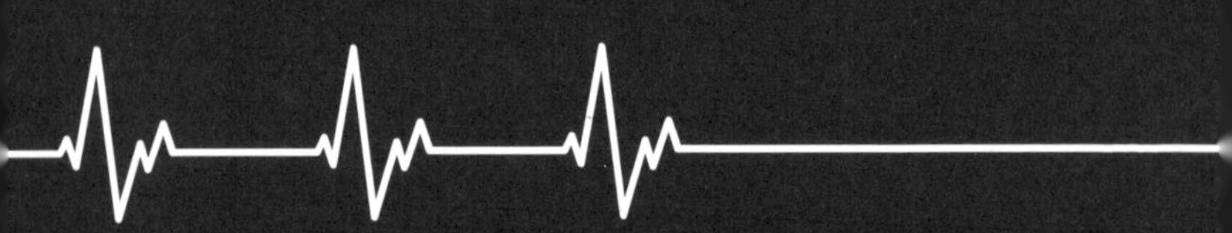

当我不再创作，我的生命就到了尽头。

当事物从美丽开始，则可以走向简洁、实用以及低价。精工细作的高级定制服可以演变为成衣。但反过来就完全行不通。这就是为什么时尚一旦遍布街头就会自然消亡。

只要人们没有借用我们的名字或商标，我们都无法阻止他们借用我们的创意，无论何时。

任何人都无法窃取的是真实本身、创新精神和完美工艺，它如此昂贵，因为它并非源自缝纫机的马达，而是源自法国女裁缝的心灵手巧。

有能力发明的人很少，大部分人不行，因此，他们更强大。

失败的创新是痛苦的，重复它则很危险。

你可以模仿简约，但你不能复制简约。因为简约就是完美。

THE STREET

interests me more
than the salons.

街头比沙龙更吸引我。

COCO
ON
LUXURY
可可谈奢华

SOME BELIEVE
THAT
LUXURY
IS THE OPPOSITE
OF POVERTY.

No.

IT IS THE
OPPOSITE OF
VULGARITY.

有些人认为，奢华的反面是贫穷。

错了。

奢华的反面是庸俗。

奢华首先源自艺术家的天分，他们有能力将其构思出来，并且赋予其形式。然后，数百万女性遵循这种形式，并将其表达、演绎和传播开来。

对我而言，奢华就是拥有做工精致的好衣服，穿着五年后仍然看起来不错的衣服。这是我的梦想：经历了岁月的衣服，有着使用的痕迹。

奢华就是当女人随手将外套扔在扶手椅上，不经意露出的外套内里甚至比外在更美。

我已经生活在奢华之中，也曾经远离奢华。我试图向同时代的人们传达我对奢华的理念，向他们重申，奢华只有在你不需要它的时候才会出现，否则永远不会。奢华是灵魂的放松，能够满足更深层次的渴望，远比对行动或思考的需求更为迫切。能与之相提并论的，只有对爱的渴求。能够去爱简单的事物，是一种极大的奢侈。

奢华应当是近乎无形的，只能被感受到：感觉自己被奢华围绕着的女人有一种特别的光彩。

当香奈儿品牌不复存在，当我离去之后，奢华也将随我而去。

LUXURY
CANNOT
BE
COPIED.

奢华无法被复制。

It is because it is

AN ACCURSED THING

that

MONEY

should be squandered.

金钱就应该任人挥霍，因为金钱是一种邪恶的东西。

富人花钱，这没什么。无论如何，富人和有钱花的人是两码事。有钱花的人，就像我一样。

我喜欢买东西。可怕的是，买下之后，你就会受其支配。

有些人很贫穷，因为他们只知道存钱；有些人却越来越富有，因为他们会花钱：我一直贫穷如克罗苏斯，富有如约伯。

我通过人们花钱的方式来判断他们。

我从不和富人打交道。有些富人非常平庸，与其被他们无聊死，我更愿意和流浪汉一起吃饭。

我不喜欢金钱，所以，我不会只是因为谁有钱而喜欢他。只知道谈钱的人，令人厌烦。

吝啬的富有、炫耀的奢华、肮脏的慷慨——这些是让财富自杀的绝对武器。

对我而言，金钱是自由之音，仅此而已。

Money is
not beautiful.
It's convenient.

金钱不美，但是实用。

COCO ON TIME

可可谈时间

我的年龄取决于当天的状况，以及我和谁待在一起。

当我感到无聊时，我会觉得自己已经1000岁了。但是当我和朋友相处甚欢时，我为什么要去考虑自己的年龄？

30年来，女人们来找我，无论老少都是为了变得更年轻，或者更准确地说，是为了做到我做的事：比实际年龄显得年轻，而这从来都不是年龄的问题。

我生活充实，总是追着时间跑。

WANTING
TO GET
YOUNGER:
THAT IS ALREADY
OLD AGE.

希望变得年轻，这已是衰老的表现。

Nature gives you your
face at the age of

20

life shapes your face
at the age of

30

but at the age of

50

you have to deserve your face.

20 岁的容颜是天生的，30 岁的容颜是生活塑造的，而 50 岁的容颜则是你自己造就的。

真正的问题，也是最大的问题，就是试图让女性更年轻，让她们看起来好像很青春。停止这件事，她们会改变对生活的看法，她们会变得更快乐。

年龄不重要。20 岁的你美丽，40 岁的你迷人，在生命的其他阶段里，你令人无法抗拒。

随着年龄的增长，女人会花越来越多的时间保养自己；世界上最可怕的不公平现象之一，就是最显老的反而是保养最多的那个。

美容应当始于心灵，不然涂脂抹粉毫无用处。

“年轻的时尚”，这是什么意思？穿得像个小女孩吗？没有什么比这更愚蠢了，也没有什么比这让你看起来更老。人们把一切都搞混了。人们忘记了，时尚有时是愚蠢的。

年轻人的时尚？这是一句废话，既然没有老年人的时尚。

如果你喜欢秋天，那么当你的生命终于进入秋天，你也应当喜欢，别再吓唬自己了。

DO YOU THINK IT'S FUN TO CONSTANTLY HEAR PEOPLE SAYING THAT

YOU'RE NOT TWENTY ANYMORE?

YOU'RE NOT TWENTY ANY MORE

YOU'RE NOT TWENTY ANY MORE

YOU'RE NOT TWENTY ANY MORE

YOU'RE NOT TWENTY ANY MORE

YOU'RE NOT TWENTY ANY MORE

YOU'RE NOT TWENTY ANY MORE

YOU'RE NOT TWENTY ANY MORE

YOU'RE NOT TWENTY ANY MORE

YOU'RE NOT TWENTY ANY MORE

你觉得经常听到人们说"你不再是二十岁了"有趣吗?

你不再是二十岁了你不再是二十岁了你不再是二十岁了你不再是二十岁了

你不再是二十岁了你不再是二十岁了你不再是二十岁了你不再是二十岁了你不再是二十岁了

Gabrielle Chanel

THE WIT OF COCO

可可的智慧

时尚永远是时代的映射，但若是太愚蠢，就会被遗忘。

装扮自己是令人愉悦的，伪装自己却很可悲。

时尚是一位皇后，有时却是个奴隶。

时尚既是毛毛虫，也是蝴蝶。白天是毛毛虫，晚上幻化成蝴蝶。没有什么比毛毛虫的生活更舒适，也没有什么比蝴蝶更惹人爱慕了。你既需要便于行动的裙子，也需要飘逸的裙子。蝴蝶不会去菜市场，毛毛虫也不会出席舞会。

时尚不是戏剧，恰恰与戏剧相反。

THE
POETRY
OF FASHION
IS CREATING AN
ILLUSION.

时尚的诗意在于创造一种错觉。

ADORNMENT,
what a science!
BEAUTY,
what a weapon!
MODESTY,
what elegance!

装饰，是学问！美，是武器！谦虚，是优雅！

先做裙子，别管装饰。

连衣裙并不是绷带。它是用来穿的。当你穿上后，它应该顺着肩膀自然垂下。

奢华是满足了生活必需之后的一种必需。

没有人能给你魅力，不管是设计师还是化妆师，甚至金钱也不能。魅力源自你的内心，秘诀就是你得自己找到它。

女人可以带着微笑奉献一切，再用一滴眼泪收回所有。

调情是心灵对感官的征服。

真正的慷慨大度是能够接受忘恩负义。

当你有许多缺点时，人们还是会喜欢你；反倒是若你具有许多真正的优点与伟大的美德，却会因此遭到嫉恨。

If you were born

WITHOUT WINGS,

do not do anything to stop them from growing.

即使生来没有羽翼，也不能阻止你展翅高飞。

You can grow accustomed to **ugliness**; to **sloppiness**, never.

你会慢慢忍受丑陋，但永远忍受不了邋遢。

你只能打开由你亲手关上的那扇门。

人们只在逆境中称颂女人。很多人都相信，只有遇到灾祸时，男人才会感激女人。

给予女人神秘感，等于令她们重返青春。

所谓的“好品味”会毁掉心灵中最美好的品质，比如说，品味本身。

当你再也无法改动一件作品时，那表示它已无药可救。

一点点真实的不幸，就会让你臆想中的所有不幸统统消失。

Bad taste has its limits;

it's only good taste that has no boundaries.

坏品味有限，只有好品味无限。

爱得过度细腻，会令人无法忠于自己。

如果说眼睛是灵魂之窗，那么双唇就是情感的代言。

你所不喜欢的一切，都有你可能会喜欢的反面，如此思考才能塑造你的生活。

沉默是比距离更大的隔阂。

最亲密的敌人就在我们心中。记住，年轻人，你的个性会给你教训，在已经来不及的时候。

WHEN YOU NO LONGER WEEP, IT'S BECAUSE YOU NO LONGER BELIEVE IN HAPPINESS.

当你不再哭泣，是因为你对幸福已经绝望。

TO BE
irreplaceable,

YOU HAVE
to be
different.

生活里的圣人并不比沙漠里的圣人更有用。如果沙漠里的圣人是无用的，那么生活里的圣人则可能是危险的。

冷淡是女性的品质，出现在男人身上则令人无法忍受，除非他是天才。

人们不是为了智慧或荣誉复仇，而是为了虚荣心。

愚蠢比任何事都糟糕……除了愚蠢，一切都可以原谅。

KARL ON COCO

卡尔谈可可

香奈儿女士的成功在于她知道如何展现自己的特质。5 个音符构建出经典隽永之音，让女人们总能立即认出香奈儿的精髓：奢华、精致。

20 世纪 30 年代，香奈儿的蕾丝裙比她的套装更知名。你说到蕾丝，我就会想到香奈儿。法语中蕾丝叫作 dentelle，和 Chanel 很押韵。

香奈儿发明了不少东西：她创造了“整体造型”。她是第一个提出创作“一款闻起来像女人的女士香水”的人，仅仅为了她自己。她为自己的服装系列设计配套的珠宝。从帽子到鞋履，从腰链到山茶花，从蝴蝶结到手袋，她彻底改变了配饰：她将琐碎之物变成了必备之物。

She did everything

for herself. To assert herself.

香奈儿风格是一场探索自我的旅程。

她所做的一切都是为了她自己，为了坚持自我。

我基于对她的了解与不知，大变戏法。

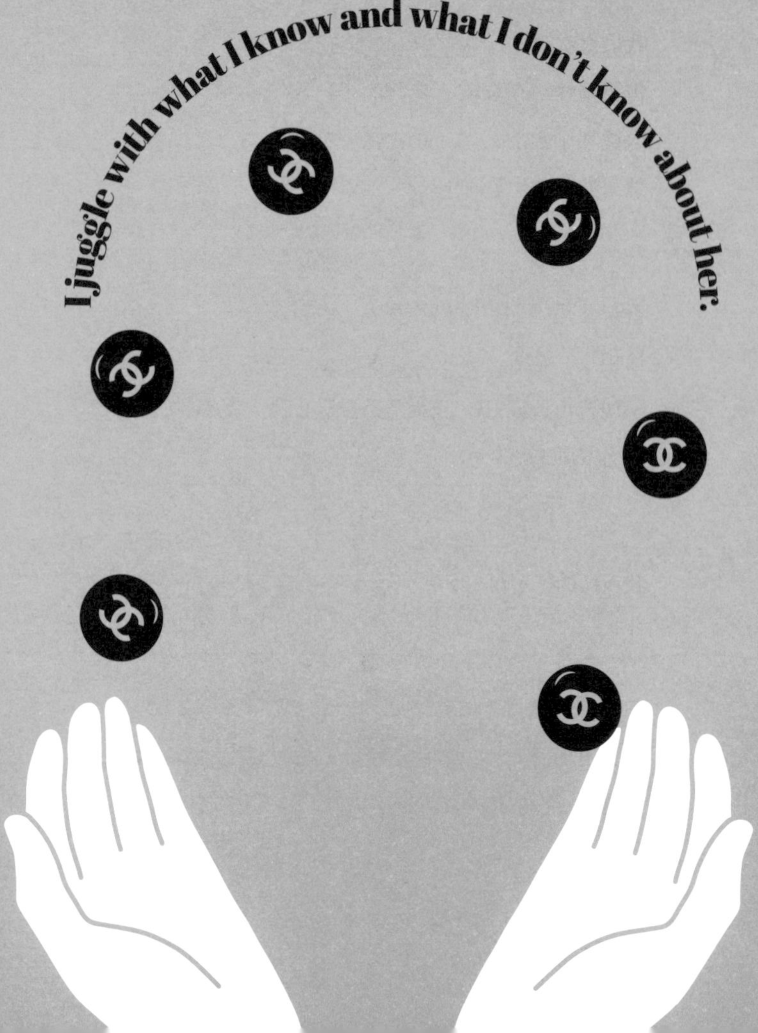

I juggle with what I know and what I don't know about her.

我最喜欢的可可·香奈儿，是她最开始的模样：叛逆、古灵精怪，在歌剧首演的前夜剪短了头发，因为炉火烫坏了她的秀发。我爱她调皮地使坏，爱她的智慧。当我设计系列作品时，我想的是她。

香奈儿是她那个时代的女人。她不沉湎于过去。恰恰相反，她厌恶过去，甚至包括自己的过去，她的一切皆由此展开。这就是为什么香奈儿品牌必须展现当下风貌。

我所做的，可可·香奈儿永远不会去做。

香奈儿是一个造型，适应每个时代、各个年龄层。香奈儿是衣橱中的基本元素，就像牛仔裤、T恤、白衬衫。香奈儿外套就等于男人的双排扣西装。

香奈儿女士的天才之处，就在于她引入了套装、山茶花和金色链条，好像它们都是她自己发明的一样。这有点像卓别林和他的拐杖、礼帽以及那撮胡子。

我的工作不是仅仅保护香奈儿套装，而是让它充满生命力。

我仰慕香奈儿女士，但那不是我。

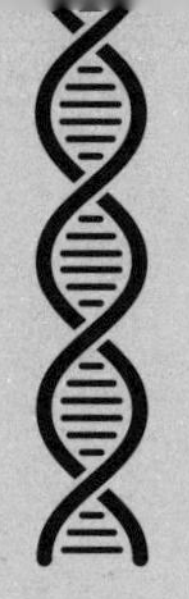

I KNOW CHANEL'S DNA THOROUGHLY,

and it's strong enough not to have to talk about it.

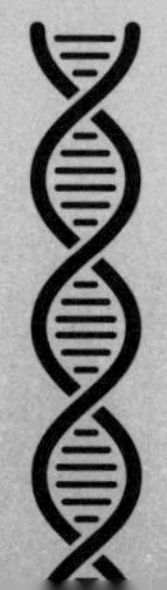

我对香奈儿的DNA了如指掌，它已经强大到毋庸赘述了。

COCO ON COCO 2

可可再谈可可

我年轻的时候，女人没有自己的形象可言。我将自由还给她们，解放她们的双臂和双腿，让她们行动自如，能舒适地欢笑和用餐。

我在想为什么我会投身于这个行业，为什么我会被看作革新者？我并不是为了创造自己喜欢的东西，而是为了让那些我不喜欢的东西马上过时。我把自己的天分当作炸药来使用。

我在为一个新社会工作，在此之前，时尚业一直在为无用且无所事事的女人服务，那些女人需要侍女为她们穿上长筒袜。现在，我的顾客中出现了职业女性，职业女性需要穿上令她们感觉舒服自在的衣服，袖子必须能够卷起来。

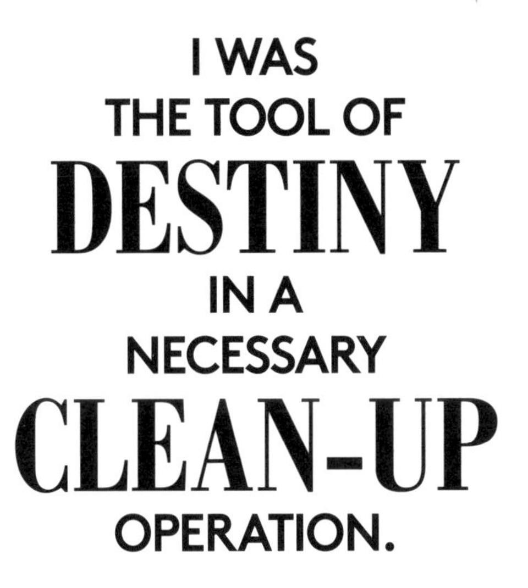

I WAS
THE TOOL OF
DESTINY
IN A
NECESSARY
CLEAN-UP
OPERATION.

我不过是为注定要发生的一切清扫道路的工具。

One world was ending, another was about to be born. I was in the right place; an opportunity beckoned, I took it.

一个世界正日暮西山，而另一个世界如旭日东升。

我来得正是时候，机会向我招手，我就抓住了它。

我是新世纪的同龄人，因此，我非常明白这个时代的服装风格。我们需要的是简约、舒适和整洁，不知不觉中，我就创作出这一切。真正的成功是命中注定的。

总有人想把我关进笼子：金色笼子里有塞满承诺的枕头。我伸出手指碰了一下笼子，然后转身离开。我不想要笼子，除非是我自己为自己打造的。

在20多岁时，我开设了一家时装屋。它既不是艺术家的创作，这种现在流行的说法，也并非一个女商人的行为。它只是为了追求自由。

我让女性的身体重新回归自由。这些身体曾经被禁锢在华服里，在蕾丝花边、紧身胸衣、内衣和衬垫之下，大汗淋漓。

我想让女人变得美丽、自由，任何时候都能自由摆臂、快步行走。

Luck

is a way of being.

Luck

is not a little person.

Luck

is my soul.

幸运是一种存在的方式。幸运不是一个小人物。

幸运是我的灵魂。

幸运是一件微妙的事。我来得正是时候，遇到了我需要认识的人。

听到人们说我运气好，我万分恼火。没有人比我更努力工作了。

我倾向于认为，我的成功证明了爱的存在。我也愿意相信，因为我爱自己所做的事，我的创作也反过来爱着我。

孤独锤炼了我暴躁的性格，铸就了我骄傲的灵魂，塑造了我强健的身体。

People
think that
all the
doors were
opened
in front of
me, but it
was me
who pushed
them open...

人们以为所有大门都会为我敞开，

但其实是我自己推开了它们。

This is what celebrity is: solitude.

名人的含义是：孤独。

我的一生就是一个孤独女人的故事——通常是一出悲剧，有关她的不幸与伟大，有关她发动的迷人的不平等战争，与自己、与男人，与随时随地可能产生的诱惑、脆弱和危险斗争。

我害怕孤独，却生活在彻底的孤独之中。为了不要独自一人，我愿意付钱。

没有什么比独处更糟糕。不，还是有的，那就是独自夹在一对夫妇中间。

我已经不知道自己是否快乐了，我只好奇一件事：死亡。

我所渴望的只有安宁，希望他们能让我在死后得到安息。

香奈儿的顾客阅读那些奢华杂志，比如 *Vogue* 和 *Harper's Bazaar*。这些杂志为我们做广告。而那些发行量巨大的流行杂志甚至做得更好。它们一起创造了香奈儿的传奇。

传奇是为名人封圣。

经历过传奇的人，也成为那个传奇的一部分。

这全是玩笑，我和你开玩笑是因为我不想讲自己的事。我不是那么重要的人。

I'm not going to tell you my entire life story!

我可不会告诉你我全部的人生故事!

SOURCES

资　料　来　源

书　籍

Danièle Bott, *Chanel* (Paris: Ramsay, 2005) · Edmonde Charles-Roux, *L'Irrégulière ou mon itinéraire Chanel* (Paris: Grasset, 1974) · Edmonde Charles-Roux, *Le Temps Chanel* (Paris: Éditions de La Martinière/ Grasset, 2004) · Claude Delay, *Chanel solitaire* (Paris: Gallimard, 1983) · Pierre Galante, *Les Années Chanel* (Paris-Match/Mercure de France, 1972) · Marcel Haedrich, *Coco Chanel secrète* (Paris: Belfond, 1971) · Lilou Marquand, *Chanel m'a dit* (Paris: JC Lattès, 1990) · Patrick Mauriès, Jean-Christophe Napias and Sandrine Gulbenkian, *The World According to Karl: The Wit and Wisdom of Karl Lagerfeld* (London: Thames & Hudson, 2013) · Paul Morand, *L'Allure de Chanel* (Paris: Hermann, 1976) · Louise de Vilmorin, *Mémoires de Coco* (Paris: Éditions Gallimard, 1999)

报　刊

Elle · Figaro Magazine · Harper's Bazaar US · La Revue des sports et du monde · Le Nouveau Femina · L'Express · L'Illustré de Lausanne · L'Intransigeant · Le Point · Marianne · Marie Claire · McCall's · Mirabella · Paris Match · Série Limitée · Stiletto · The New Yorker · Time · Town and Country · Vogue France

访　谈

Interview with Pierre Dumayet (from the programme *Cinq Colonnes à la Une*, 1959) · Interviews with Jacques Chazot (from the programme *DIM DAM DOM* 11th February, 1968 and a television news broadcast from 30th January, 1970) · CD *Coco Chanel Parle. La Mode Qu'est-ce que c'est ?* (from the 'Français de notre temps' series, 1972) · France 3 · CNN

本书部分引言来自以下书籍：
Les Mémoires de Coco by Louise de Vilmorin (Éditions Gallimard, 1999)
L'Allure de Chanel by Paul Morand (1976, Hermann, www. editions-hermann. fr. Translation taken from *The Allure of Chanel*, Pushkin Press, 2008)
Quotations by Karl Lagerfeld reproduced from *The World According to Karl* © 2013, Karl Lagerfeld.

插图来源：
Illustrations and design by Isabelle Chemin. Illustrations on p. Ⅷ & p.150 based on photograph © Boris Lipnitzki/Roger-Viollet. Illustration on p.16 based on illustration © Condé Nast.

致谢：
The authors and publisher would like to thank Hélène Fulgence and Cécile Goddet-Dirles of the Patrimoine Chanel for their invaluable help in the making of this book.

作者简介
About the Authors
帕特里克·莫列斯是作家、编辑和记者，出版、发表过许多艺术、文学、时尚和装饰艺术类的书籍和文章。他写过一系列关于名人的书，包括让-保罗·古德、克里斯蒂安·拉克鲁瓦和卡尔·拉格斐。

让-克里斯托弗·那皮亚斯是作家、出版商和编辑。他写过几本关于巴黎的书，包括《巴黎的宁静角落》(*Quiet Corners of Paris*)，并编辑过法国文学类书籍。

帕特里克·莫列斯和让-克里斯托弗·那皮亚斯曾共同参与《卡尔·拉格斐的世界》(*The World According to Karl*)、《时尚名猫邱佩特的私生活》(*Choupette: The Private Life of a High-Flying Fashion Cat*)和《时尚名言：秀场上的智慧》(*Fashion Quotes: Stylish Wit & Catwalk Wisdom*)等书的撰写。

图书在版编目（CIP）数据

可可·香奈儿人生笔记 /（法）可可·香奈儿著；（法）帕特里克·莫列斯，（法）让-克里斯托弗·那皮亚斯编；顾晨曦译. -- 北京：中信出版社，2022.5（2025.1重印）
书名原文：The World According to Coco
ISBN 978-7-5217-4057-8

Ⅰ.①可… Ⅱ.①可… ②帕… ③让… ④顾… Ⅲ.①女服－服饰美学 Ⅳ.①TS941.717

中国版本图书馆CIP数据核字(2022)第035822号

Published by Thames & Hudson Ltd, 181A High Holborn,London WC1V 7QX

All translations from the French language by Thames & Hudson unless otherwise stated.
This edition first published in China in 2022 by CITIC Press Corporation, Beijing

可可·香奈儿人生笔记

著　　者：[法]可可·香奈儿
编　　者：[法]帕特里克·莫列斯　[法]让-克里斯托弗·那皮亚斯
译　　者：顾晨曦
校　　译：吴恳　杨扬　王程呈
出版发行：中信出版集团股份有限公司
（北京市朝阳区东三环北路27号嘉铭中心　邮编　100020）
承 印 者：北京利丰雅高长城印刷有限公司

开　　本：787mm × 1092mm　1/32　　印　　张：5.5　　字　　数：65千字
版　　次：2022年5月第1版　　印　　次：2025年1月第4次印刷
京权图字：01-2022-1713
书　　号：ISBN 978-7-5217-4057-8
定　　价：98.00元